Le " TYLENCHUS DEVASTATRIX " Khün

LE
TYLENCHUS DEVASTATRIX Kühn

ET LA

Maladie vermiculaire des Fèves

EN ALGÉRIE

PAR

F. DEBRAY

Professeur de Botanique aux
Ecoles Supérieures.

E. MAUPAS

Conservateur de la Bibliothèque
Nationale.

(Extrait de l'ALGÉRIE AGRICOLE, 1896).

ALGER

IMPRIMERIE ORIENTALE PIERRE FONTANA ET Cᴵᴱ
RUE D'ORLÉANS, 29.

1896

Le " TYLENCHUS DEVASTATRIX " Kühn

et la Maladie vermiculaire des Fèves en Algérie.

HISTORIQUE DE LA MALADIE.

SA DISSÉMINATION GÉOGRAPHIQUE

ET BOTANIQUE.

Vers le milieu du mois de mars, l'un de nous ayant remarqué des taches brunâtres sur les tiges de fèves cultivées dans une plate bande du jardin confinant au laboratoire de botanique des Ecoles supérieures d'Alger, examina ces tiges au microscope. Il pensait y retrouver le *Pseudocommis*, protomycète parasite des végétaux, cause de la maladie si répandue, connue sous le nom de *Brunissure* ([1]).

Mais l'étude de quelques coupes microscopiques ne tarda pas à lui faire voir qu'il avait affaire à une maladie végétale également parasitaire, il est vrai, mais ayant pour cause déterminante un parasite bien différent du petit champignon endophyte. Sur chaque coupe, en effet, on voyait circuler au milieu des cellules du parenchyme cortical plus ou moins hypertrophiées et dissociées, un ou plusieurs petits vers filiformes de l'ordre des nématodes. Des œufs du parasite se rencontraient aussi fréquemment dans les lacunes intercellulaires. Aucun

---

(1) Voir : DEBRAY — La brunissure chez les végétaux et en particulier dans la vigne. Paris. *Revue de Viticulture*, 1895.

doute n'était possible, il s'agissait d'une maladie vermineuse, causée par l'intrusion et la multiplication de ce nématode dans les tissus de la fève.

Le nématode examiné, nous reconnûmes qu'il appartenait au genre Tylenchus et devait être identique au *Tylenchus devastatrix* découvert et décrit pour la première fois par le savant agronome allemand Julius Kühn (1858) et depuis lors étudié si complètement, dans les maladies qu'il cause à de nombreux végétaux, par l'agronome hollandais Ritzema Bos (1888).

Depuis longtemps déjà, on connaît d'autres maladies végétales causées par de petits nématodes parasites, très proches parents de celui que nous allons étudier ici. La plus anciennement observée est celle du *blé niellé*, dont le parasite, nommé *Tylenchus tritici*, fut découvert par Needham, vers le milieu du siècle dernier. Il ressemble beaucoup à celui de la fève et est devenu célèbre dans la science par les expériences de reviviscence auxquelles il a servi. Nous verrons plus loin que le Tylenchus de la fève se prête également bien à des expériences semblables. La maladie du blé niellé occasionne quelquefois des dommages assez graves en France et en Italie.

Un nématode beaucoup plus dangereux est celui de la maladie des betteraves. Découvert en 1859, on lui a donné le nom d'*Heterodera Schachtii*, en le classant dans un genre voisin des Tylenchus. Il s'est tellement multiplié dans certaines parties du nord de la France et de l'Allemagne, qu'il en était arrivé à y menacer d'une ruine complète la culture de la betterave. On a heureusement trouvé le moyen de le combattre et d'entraver son développement.

Citons encore l'*Heterodera radicicola*, très proche parent du précédent. Il vit sur les racines d'un grand nombre de végétaux. En Amérique, il est signalé comme très nuisible à la culture de certains arbres fruitiers. On l'a trouvé en Italie sur les racines de la vigne. En 1878, nous l'avons rencontré sur des tubercules de pomme de terre achetés au marché d'Alger et, en 1893, nous l'avons revu sur des racines de vigne, provenant de vignobles de Castiglione et de Staouëli. Jusqu'ici, il ne paraît pas s'être multiplié d'une façon menaçante pour aucune des cultures des colons algériens. Les agriculteurs feront cependant bien de ne pas l'oublier et de surveiller son développement et sa dissémination.

Le *Tylenchus devastatrix*, avons-nous dit, fut découvert en 1858 par Julius Kühn. Il le rencontra attaquant les capitules du chardon à foulon (*Dipsacus fullonum*) et lui donna le nom d'*Anguillula dipsaci*. Plus tard, en 1868, il le retrouva dans les tiges du seigle, du blé, du sarrazin, de l'avoine et du trèfle. Abandonnant son ancienne dénomination, Kühn le baptisa du nom de *Tylenchus devastatrix*, mieux approprié à ses nouvelles observations.

Bütschli, en 1873, reçut du Dr Askenasy une mousse (*Hypnum cupressiforme*) dont les bourgeons terminaux contenaient de nombreux nématodes cachés entre les folioles. Le savant professeur allemand décrivit ce nématode sous le nom de *Tylenchus Askenasyi*. Ainsi que nous le verrons plus loin, ce nouveau Tylenchus était identique à celui de Kühn.

C'est toujours le même nématode que Prillieux et Kühn, en 1881, baptisèrent des noms de *Tylenchus hyacinthi* et *T. Havensteini*. Le premier avait été trouvé en étudiant des pieds de jacinthes attaqués par une maladie connue depuis longtemps sous le nom de *maladie annulaire*. Prillieux démontra que cette maladie était due à l'envahissement du nématode en question. Le second fut rencontré par Kühn dans des tiges malades de luzerne et de trèfle rouge.

Enfin notre Tylenchus fut encore baptisé d'un nouveau nom en 1883, par le Dr Beyerinck qui, l'ayant trouvé en Hollande attaquant les oignons, l'appela *Tylenchus allii*.

Mais de tous les travaux cités jusqu'ici sur notre parasite, aucun n'approche par l'importance et l'étendue des renseignements de celui de Ritzema Bos (1888), déjà cité plus haut. Le savant agronome hollandais s'est occupé pendant plusieurs années du *Tylenchus-devastatrix* et des maladies causées par lui. Dans son travail, publié successivement par parties de 1888 à 1891, il a rassemblé une masse considérable d'excellentes observations [1]. C'est à lui que nous devons l'identification de toutes les espèces citées plus haut. Cette identification nous l'acceptons pleinement et nous espérons même lui apporter quelques nouveaux arguments dans le présent travail.

C'est encore à lui que nous devons d'être actuellement bien fixés sur la large dissémination botanique de ce parasite. Il énumère, en effet, 41 plantes, appartenant à 16 familles différentes, chez lesquelles des maladies causées par l'invasion du *Tylenchus devastatrix* ont été sûrement constatées. Nous ne reproduirons pas ici la liste complète de ces plantes, nous contentant de citer les végétaux utiles attaqués par le parasite. Actuellement, cette maladie parasitaire a été constatée sur les quatorze plantes cultivées suivantes : la luzerne, le trèfle, le chardon à foulon, le sarrazin, les jacinthes, l'oignon, l'avoine, le blé, le seigle, le chou rave, la pomme de terre, la fève, l'œillet et la primevère de Chine.

Au point de vue géographique, le *Tylenchus devastatrix* a été observé en Norvège, au Danemarck, en Allemagne, en Hollande, en Angleterre, dans le nord et le midi de la France et en Algérie. Il est de toute évidence que lorsqu'on prendra la peine de le rechercher, on le trouvera dans bien d'autres régions.

Les maladies occasionnées aux végétaux attaqués par notre Tylenchus varient considérablement dans leurs effets et leur intensité. Ces différences proviennent, d'une part, de la plus ou moins grande abondance du parasite, d'autre part, de la nature particulière des végétaux plus ou moins favorables à sa multiplication.

---

(1) Afin d'éviter des citations trop répétées, nous avertissons ici, une fois pour toutes, que nous avons beaucoup emprunté au savant hollandais. Grâce à lui, nous avons pu connaître l'essentiel de nombreuses publications étrangères, qu'il nous aurait été impossible de consulter dans l'original.

Dans l'état actuel de nos connaissances, ce sont le seigle, l'oignon, les jacinthes, la fève, l'avoine et le trèfle qui, parmi les plantes cultivées, paraissent être les plus violemment attaquées. Dans certaines régions de la Hollande, où le seigle est souvent cultivé plusieurs années successives dans le même champ, la récolte se trouve quelquefois entièrement anéantie.

Quant à la maladie de la fève, elle a été signalée pour la première fois en Angleterre et en Ecosse, où elle fut observée en 1890 par Miss Ormerod, entomologiste de la Société royale d'Agriculture anglaise (1888, p. 563). Les ravages du *Tylenchus devastatrix* y sont grands ; car cette dame a vu plus de la moitié d'une récolte de fèves détruite par ce parasite. Ces fèves avaient été semées dans un champ qui, l'année précédente, portait de l'avoine. Il est fort probable que cette avoine avait été elle-même déjà infestée et que le parasite s'était multiplié pendant ces deux années en raison de la succession de plantes favorables qu'on lui offrait.

L'un de nous se trouvant en France dans les premiers jours de juillet, a redécouvert la maladie sur des fèves cultivées près d'Amiens. Les tiges de ces fèves étaient infestées par la base et sur quelques unes le parasite avait pénétré dans les feuilles et les gousses. Le nombre des tiges malades n'était pas très grand. Ces fèves étaient cultivées dans les terrains marécageux compris entre des fossés, dérivations de la Somme.

Des fèves malades ont également été rencontrées aux environs de Wimereux, où M. Giard, le savant directeur de la station zoologique, a bien voulu se charger de la détermination exacte du nématode. D'un autre côté, nous avons vainement cherché des fèves atteintes à Bagnères-de-Luchon, dans la Haute-Garonne, et à Vire, dans le Calvados. Dans ces deux dernières localités, d'ailleurs, la fève n'y est cultivée que d'une façon accessoire, semée en rangs isolés au milieu d'autres cultures.

Ainsi que nous l'avons dit en commençant, c'est vers le milieu du mois de mars dernier, que nous avons découvert ici, dans le jardin des Ecoles supérieures

d'Alger, les premières fèves malades observées par nous.
Notre premier soin fut de rechercher si la maladie
était ou non limitée à ce point. Le 29 mars, nous la
trouvâmes dans les communes de Kouba et de Birman-
dreis, le 3 avril dans celle d'Hussein-Dey, le 8 avril à
Maison-Carrée, le 10 à El-Biar et au Frais-Vallon, le 12 à
la Bouzaréah, le 3 mai dans le bas de Médéa, le 7 juin
au-dessus de Médéa, sur le Nador, par 1000 à 1100
mètres d'altitude, le 10 mai enfin sur les pentes du
Belloua qui dominent Tizi-Ouzou. M. Brive, préparateur
aux Ecoles supérieures, la retrouvait de nouveau en mai
à Bordj-Boghni, en Kabylie, par environ 1200 mètres
d'altitude.

Ces constatations locales nous permettent d'affirmer
que la maladie est très commune et répandue dans les
environs d'Alger et même dans tout le département.
Lorsque nous nous fûmes un peu familiarisés avec son
aspect et ses caractères extérieurs, nous n'entrâmes plus
dans un champ de fèves sans y découvrir au moins
quelques pieds attaqués.

Pourrait-on également affirmer son extension dans
tout le nord de l'Afrique ? Bien que la chose soit très
probable, nous ne voudrions pas nous prononcer sans
observations. Cette réserve est d'autant plus nécessaire,
que M. Brive nous a assuré avoir vainement cherché
cette maladie dans le Dahra.

Le degré d'intensité et de développement de la maladie
varie considérablement d'un point à un autre. Dans
certains champs, il nous fallait passer en revue un grand
nombre de pieds de fève avant d'en trouver de malades ;
tandis que dans d'autres nous en rencontrions à chaque
pas. Les points les plus contaminés que nous ayons
observé ont été un champ dans le bas de Médéa, un
second champ sur la route du Vieux-Kouba à Birman-
dreis et surtout la petite culture du jardin des Ecoles
supérieures. En ce dernier point, la moitié au moins des
pieds de fève était envahie par le parasite.

La nature du sol ne nous a paru jouer aucun rôle
dans la dissémination de la maladie. Nous avons, en

effet, observé des fèves malades aussi bien dans les terrains argileux que dans les terrains sablonneux. La légèreté ou la compacité du sol semblent donc indifférentes au parasite.

A trois reprises seulement, nous avons cru constater une influence du sol. C'était dans des cultures situées à quelques pas au-dessous de la porte inférieure, dite des jardins, de Médéa. Le sol était composé d'un humus très riche et irrigué avec les eaux d'égout de la ville. Les fèves très vigoureuses, examinées minutieusement, ne nous ont pas laissé apercevoir la moindre trace de maladie. Ce fait semblerait démontrer que les humus riches et très irrigués sont défavorables à la dissémination du *Tylenchus devastatrix*.

Les renseignements antérieurs nous faisant entièrement défaut, il nous est impossible de rechercher l'origine de cette maladie vermiculaire dans le nord de l'Afrique. Elle y a probablement existé depuis que la fève y est cultivée. Le parasite, qui en est la cause, pouvant vivre et se propager en se développant sur de nombreuses espèces végétales, doit être endémique de nos régions depuis des temps immémoriaux. Si la maladie de la fève a échappé jusqu'ici à l'attention des observateurs, c'est que personne n'avait encore eu l'idée de la rechercher méthodiquement.

Elle n'était cependant pas inconnue des cultivateurs. Lorsque nous leur avons fait voir les altérations et déformations extérieures qui la caractérisent, tous nous ont dit les connaître depuis longtemps. Ils en attribuaient les causes à des conditions culturales défavorables et plus particulièrement à la sécheresse.

D'ailleurs, quoique les dégâts causés par le nématode sur les fèves puissent être assez considérables, ils n'atteignent jamais le degré d'intensité de ceux occasionnés par l'*Orobanche speciosa*. Nous avons eu plusieurs fois occasion d'en voir des cultures entièrement détruites par ce parasite végétal. Aussi ce dernier a-t-il plus frappé l'attention et est-il mieux connu des cultivateurs.

Les fèves sont encore attaquées par un autre parasite végétal, l'*Uromyces fabae*, petit champignon epiphyte de la famille des Uredinées. Les cultivateurs le désignent par le nom de *rouille*. Cette année il était très répandu aux environs d'Alger et, dans certaines cultures, les feuilles et les tiges en étaient littéralement couvertes. Nous ne savons pas dans quelle mesure il peut nuire au rendement de la récolte.

DESCRIPTION EXTÉRIEURE ET INTÉRIEURE

DE LA MALADIE.

La maladie varie considérablement dans son aspect et dans ses effets d'un pied de fève à l'autre. Ces variations proviennent, d'une part, des différences dans l'intensité de l'attaque du parasite, d'autre part, des différences d'âge des pieds de fève à l'époque de l'envahissement.

Lorsque nous découvrîmes pour la première fois la maladie, les fèves des environs d'Alger étaient déjà assez avancées dans leur végétation. Aussi ne possédons-nous aucune observation pour nous indiquer si le parasite les envahit dès le début de leur germination et pendant la pousse des premières feuilles. Nous ne savons pas si, à ce moment, il peut les attaquer d'une façon dangereuse pour leur vie et leur causer les profondes altérations et déformations que nous allons décrire plus loin.

Cependant lors de notre première visite à Médéa, le 3 mai, nous avons fait une constatation qui semblerait faire croire que le Tylenchus n'attaque pas d'une façon apparente les tout jeunes pieds de fève. A cette date, par suite de l'altitude de 800 à 900 mètres du plateau de Médéa, les fèves, dans certains champs, étaient beaucoup moins avancées qu'aux environs d'Alger. Aussi y rencontrâmes-nous encore de nombreuses cultures dans lesquelles cette légumineuse, haute à peine de 20 à 25 centimètres, ne montrait que ses premières fleurs encore incomplètement épanouies. Dans toutes ces cultures, il nous fut impossible de trouver la moindre trace de la maladie ; tandis que dans les champs voisins, garnis de fèves plus avancées, avec gousses déjà formées, elle était commune et fort apparente. Nous donnons cette observation telle quelle, sans vouloir y insister autrement.

La maladie, telle que nous l'avons observée, nous a paru se manifester sous deux formes un peu différentes.

Dans un cas, elle apparaît au début sous l'aspect de petites taches roussâtres, brunes et même purpurines, mal délimitées, d'un à deux millimètres d'étendue. Ces taches sont toujours placées sur les faces planes de la tige, où on les trouve tantôt isolées, tantôt groupées plusieurs ensemble. Le plat de la tige ne montre aucune boursouflure, aucune déformation. Si l'on excise avec un scalpel une de ces taches, en enlevant le tissu végétal sous-jacent, et qu'on la dilacère sous le microscope, on y trouvera toujours, au milieu des fragments végétaux, un ou deux Tylenchus adultes avec quelques œufs. Si cette petite opération a été conduite avec soin, on pourra même s'assurer que le parasite était logé dans les lacunes existantes entre les cellules sous-épidermiques du parenchyme cortical.

Plus tard, les taches s'étendent dans tous les sens, confluent entre elles et envahissent toute la face plane de la tige, qui demeure toujours intacte, sans déformation apparente. Ces taches peuvent être limitées à une seule des faces d'un entre-nœud ou bien à deux, ou exister sur toutes les quatre à la fois. En s'étendant et vieillissant, elles brunissent de plus en plus et finissent par devenir complètement noires.

Si, à ce moment, on recherche le parasite dans la couche cellulaire sous-épidermique, on le trouvera avec ses œufs dans toute l'étendue noire de la tige ; mais jamais en bien grand nombre. Il semble qu'avec cette forme de la maladie, le nématode se trouve dans des conditions peu favorables à son développement et entravant sa multiplication. Sa taille elle-même paraît en souffrir ; car c'est uniquement dans des cas de cette nature que nous avons rencontré les individus adultes les plus petits, ne mesurant que de 1.000 à 1.500 μ.

Bien qu'on puisse observer cette forme de la maladie dans toute l'étendue des tiges de fève, c'est surtout dans les parties basses que nous l'avons le plus souvent rencontrée. Les deux ou trois entrenœuds au-dessus du sol en sont souvent envahis sur leurs quatre faces. On la remarque le plus souvent sur des pieds malingres, à tige peu épaisse et qui, bien que d'une bonne taille moyenne, donnent peu ou pas de fruits. Nous verrons plus loin à quelle cause anatomique nous croyons pouvoir rattacher cette première forme de la maladie.

Dans la seconde forme, elle se manifeste au début par l'apparition sur la tige de boursouflures d'un millimètre de diamètre, sur un quart de millimètre environ d'épaisseur et insensiblement amincies sur leur bord. Ces jeunes boursouflures, dispersées ou groupées plusieurs ensemble sur les faces planes de la tige, sont vertes comme le reste de la tige. En les excisant avec soin, ou mieux en y faisant passer de fines coupes microscopiques, on constate qu'elles ne sont dues qu'à la formation de nombreuses lacunes aérifères confluentes, situées au-dessous et entre les cellules de l'assise sous-épidermique du parenchyme cortical. Ces lacunes sont donc séparées de l'extérieur uniquement par l'assise de cellules épidermiques. De beaux et vigoureux Tylenchus adultes, mesurant 1,700 à 2,200 μ, s'agitent et circulent dans ces lacunes, y semant de tous côtés leurs œufs. On trouve de ces derniers à tous les états de développement.

Plus tard, les boursouflures grandissent, les voisines deviennent confluentes ; leur couleur verte pâlit, puis se teinte peu à peu en rose, devient franchement rose, ou bien se parsème de taches pourpres. Par l'extension graduelle du mal une grande partie ou même toute la longueur de l'entrenœud est envahie par cet épaississement, soit d'un ou deux côtés seulement, soit sur tout le pourtour. Les entrenœuds voisins, quand la maladie est intense, finissent par être envahis à leur tour. Ces grandes boursouflures sont en général beaucoup plus développées sur le nœud même, à l'insertion et à l'aisselle des pédoncules des feuilles.

Si, à ce moment, on dilacère sous le microscope un fragment de ces boursouflures, on en verra sortir des centaines et des milliers de Tylenchus de tout âge et de tout développement : des œufs, des jeunes venant d'éclore, des larves des quatre stades, des adultes mâles et femelles, tous très vigoureux.

Il est de toute évidence que ces boursouflures se forment sous l'influence de la présence du parasite et qu'elles s'accroissent en raison de sa multiplication. On peut, en effet, dilacérer et fouiller avec le plus grand soin les parties intactes de la tige, on n'y trouvera jamais un seul Tylenchus.

Voici maintenant comment nous comprenons la formation de ces protubérances. La couche cellulaire sous-épidermique du parenchyme cortical des fèves montre toujours de petites lacunes aérifères, formées par dédoublement des cloisons des cellules constituant cette première assise. C'est dans ces lacunes primitives que s'installe le parasite lorsque, tout au début de la maladie, il envahit la plante par une voie que nous essaierons de préciser plus loin.

Chez certains pieds de fève, ces lacunes sont petites et peu nombreuses. Pour une raison que nous n'avons pas réussi à saisir, il semble que chez ces fèves les cloisons cellulaires soient plus intimement et plus solidement soudées entre elles. Aussi les Tylenchus qui envahissent ces pieds s'y trouvent-ils dans des conditions défavorables à leur développement. S'y multipliant peu, ils n'y occasionnent que les altérations superficielles décrites plus haut comme première forme de la maladie.

Sur d'autres pieds de fève, au contraire, tout aussi sains que les précédents, on constate l'existence de nombreuses et relativement larges lacunes aérifères (fig. 2). Les parois latérales des cellules de la première

assise du parenchyme cortical se sont souvent dédou-
blées spontanément sur d'assez grandes étendues. Ces
nombreuses lacunes constituent un milieu très favorable
à l'invasion et à la multiplication du Tylenchus. Aussi
est-ce sur des fèves de cette catégorie que la maladie se
manifeste avec le développement plus intense de la
seconde forme.

Le parasite s'installe à son aise dans ces méats et, soit
uniquement par l'effet mécanique de sa présence et des
frottements qu'il exerce dans son agitation constante ;
soit, au contraire, par suite des piqûres de son stylet
sur les membranes cellulaires, il ne tarde pas à déterminer une vive irritation dans les cellules parenchymateuses gonflées de chlorophylle et de suc cellulaire (1).

Cette irritation mécanique a pour effet un accroissement de ces cellules en directions irrégulières et
variables, accompagné d'un dédoublement de plus en
plus étendu des cloisons intercellulaires Ce dédoublement est très marqué sur les faces latérales et profondes
des cellules ; tandis que sur la face extérieure il est à
peine sensible. Il en résulte que cette première assise
de cellules sous-épidermiques reste toujours solidement
soudée à l'épiderme, tandis qu'elle est à peine attachée
aux assises plus profondes du parenchyme cortical.
Aussi rien n'est-il plus aisé dans cet état que d'enlever
des lambeaux d'épiderme, à la face interne desquels ces
cellules sous-épidermiques restent fixées (fig. 3).

En résumé, l'irritation parasitaire détermine une
hypertrophie des cellules et des lacunes sous-épidermiques ; jamais nous n'avons observé de nouveaux
cloisonnements, ni de nouvelles formations cellulaires.
Les cellules, en s'allongeant plus ou moins irrégulièrement, se décollent de plus en plus et bientôt n'adhèrent

---

(1) Ritzema Bos (1888, p. 328) fait intervenir une irritation
chimique, causée par une substance liquide secrétée par le
Tylenchus. Les raisons qu'il invoque ne nous paraissent pas
probantes et nous croyons que l'irritation mécanique seule suffit
à expliquer les phénomènes décrits.

plus que par des points limités de leur surface. L'assise
sous-épidermique forme alors un réseau à mailles larges
et plus ou moins irrégulières, dans lesquelles les Tylenchus s'agitent et circulent vivement. Inutile de dire
qu'ils se sont beaucoup multipliés dans ce milieu émi-
nemment favorable.

A ce moment, ces cellules, bien que déjà fortement
allongées et déformées, ont cependant encore conservé
toute leur fraîcheur. Les chloroleucites sont toujours
d'un vert gai, le suc cellulaire est limpide et hyalin, le
noyau et le protoplasma intacts et bien constitués. La
membrane elle-même, avec ses distensions et ses prolon-
gements plus ou moins variés, ne montre encore aucune
marque de dégénérescence.

Plus tard, l'invasion parasitaire, par suite de la multiplication rapide des Tylenchus, devenant plus intense,
l'hypertrophie cellulaire gagne les couches profondes du
parenchyme cortical. Les boursouflures extérieures s'en-
flent un peu plus. Le dédoublement des cloisons cellulaires s'accentue encore et les cellules finissent par
se disjoindre ou se désagréger en petits paquets. Il se
produit une véritable dislocation de tout le parenchyme
cortical, qui n'est plus retenu en place que par l'assise
épidermique intacte et encore résistante. Il arrive cependant quelquefois que cette dernière cède et se fendille,
mettant à découvert le parenchyme ainsi désorganisé.

En même temps, ces cellules dissociées finissent par
mourir. Leurs membranes noircissent, leur contenu se
décompose et brunit. Toute leur masse forme sur les
tiges de fève, ces vastes taches noirâtres si apparentes
et si caractéristiques de cette maladie vermiculaire (fig. 1).

Toutes ces déformations et désorganisations, causées
par l'action directe du parasite, sont toujours limitées
aux tissus parenchymateux de la zone corticale. Jamais
les tissus fibrovasculaires ne sont envahis. Nous verrons
plus loin que le parenchyme médullaire peut, au contraire, être fortement attaqué.

Au point où nous en sommes arrivés, si le temps est
sec, tout cet amas cellulaire désorganisé se frippe, se

ratatine et se dessèche. Les nombreux Tylenchus existant alors, insuffisamment nourris dans ce milieu de cellules en désorganisation, s'arrêtent presque tous dans leur développement au quatrième stade larvaire, qui précède la 4ᵉ et dernière mue. Poussées par l'assèchement graduel du milieu ambiant, toutes ces larves se rassemblent par paquets dans les vides abrités par la couche épidermique. Elles s'enroulent en s'enlaçant les unes les autres et, saisies elles-mêmes par la dessiccation, elles tombent dans l'état de mort apparente, appelée vulgairement *vie latente*, sur laquelle nous reviendrons plus loin.

Lorsque, au contraire, le temps est humide et que les tiges sont fréquemment arrosées par la pluie, les cellules parenchymateuses disloquées se décomposent et entrent en putréfaction. Les Tylenchus, dans ce milieu humide, conservent toute leur activité ; mais cherchent à fuir pour gagner un point de la tige encore sain, ou bien sont entraînés au dehors par les fissures de l'épiderme et vont tomber dans le sol.

Lorsque l'envahissement du parasite se produit avec une grande intensité sur de tout jeunes pieds en voie d'accroissement, toutes les parties de la tige peuvent être infestées. Le développement de ces pieds s'en trouve gravement compromis. Leurs entrenœuds cessent de bonne heure de croître et restent très courts ; ils s'épaississent et se boursouflent irrégulièrement. Les feuilles, avec leurs bourgeons axillaires, qui ont pris un développement précoce, sont serrées les unes contre les autres en un paquet couronnant la tige. Elles aussi sont envahies, demeurent petites, sont déformées et deviennent flasques et pendantes. Nous avons vu de ces tiges, recourbées en crosse. Elles ne tardent pas à noircir dans toute leur étendue et périssent sans avoir pu fleurir.

Dans d'autres cas, nous avons vu des pieds attaqués seulement sur l'étendue de deux ou trois entrenœuds voisins et situés au milieu de la tige. Ces tiges pouvaient être de grande taille, vertes et intactes au-dessous et au-dessus de la partie infestée. Celle-ci, d'une longueur de 10 à 15 centimètres, était très gonflée et déformée. Ses entrenœuds étaient plus courts et elle portait des feuilles malingres et frippées. Aux entrenœuds supérieurs, au contraire, les feuilles étaient larges et des fleurs, ainsi que des fruits bien constitués, s'étaient développés.

Enfin nous avons encore observé d'autres tiges, très vigoureuses et de très grande taille, sur lesquelles deux et même trois entrenœuds étaient fortement envahis ; mais ces entrenœuds étaient isolés et séparés par des entrenœuds sains. Les nœuds étaient intacts. Aussi les feuilles n'avaient nullement souffert et ces pieds portaient des fleurs et des fruits aussi beaux que ceux des pieds complètement sains. Ces tiges, en dehors des boursouflures des parties attaquées, n'avaient éprouvé aucune déformation.

Le parenchyme médullaire est souvent envahi quelque fois seul, mais le plus souvent simultanément avec le parenchyme cortical. Une de ces tiges, envahie uniquement à l'intérieur, était, à l'extérieur, verte et fraîche dans toute son étendue. Sa taille, de 60 à 70 centimètres, était égale à celle des tiges saines qui l'entouraient. Vers le milieu de sa hauteur et sur une longueur de 20 centimètres, elle présentait des déformations assez marquées. Les entrenœuds y étaient plus courts. Les parois des quatre faces étaient fortement bombées (non boursouflées) en dehors ; mais avaient conservé leur couleur verte fraîche. Ces entrenœuds malades étaient plus ou moins tordus. Sous leur épiderme, parfaitement sain et normal, il fut impossible de découvrir un seul Tylenchus. Le nématode, au contraire, pullulait dans le parenchyme médullaire, tapissant la paroi interne du canal fistuleux de la tige. Nous avions donc là un excellent exemple des effets produits par l'invasion vermiculaire localisée exclusivement dans le parenchyme médullaire. Les désordres occasionnés dans ce tissu sont toujours les mêmes : hypertrophie des cellules, dédoublement des cloisons, extension des lacunes, dislocation des tissus, dont les éléments meurent en brunissant et noircissant.

Les feuilles aussi sont fréquemment attaquées. Elles

deviennent alors flasques, se déforment en s'épaississant, prennent une coloration brun acajou, noircissent et finissent par sécher. Leur tissu est le siège de désordres analogues à ceux qu'on rencontre dans la tige ; il est pourtant moins dissocié dans la plupart des cas. Les nématodes et leurs œufs peuvent s'y trouver en très grand nombre. Ils s'accumulent surtout dans les aisselles sur les nœuds, où ils forment quelquefois de petits paquets blancs assez volumineux.

Les tiges envahies portent d'autant moins de fruits qu'elles sont plus fortement attaquées. Les premières fleurs peuvent former des gousses qui, elles-mêmes peuvent être envahies par les Tylenchus, soit à leur surface, soit à leur intérieur. Ces gousses éprouvent des déformations plus ou moins fortes, en se tordant ou se coudant. Les parasites se rencontrent souvent en abondance entre le bord libre du calice et le fruit. Les fleurs du sommet, mal nourries par la tige malade, tombent par dessiccation de leur pédoncule, tantôt après avoir acquis leur dimension normale, tantôt ne mesurant encore que quelques millimètres de longueur. Nous n'avons pas observé de parasites dans les pétales.

La racine reste toujours saine, comme chez toutes les autres plantes où ce parasite a été signalé. Le *Tylenchus devastatrix* est, en effet, un parasite de la tige végétale et de ses appendices, jamais encore rencontré sur les racines. Aussi Ritzema Bos l'a-t-il justement dénommé l'*Anguillule de la tige*.

DESCRIPTION DU PARASITE.

Méthode d'étude. — Le *Tylenchus devastatrix* doit être étudié sur le vivant et sur le mort.

On peut l'observer vivant au milieu du tissu végétal altéré et hypertrophié par sa présence. On y arrive aisément en opérant de la façon suivante. Avec un

scalpel bien aiguisé, on excise une des boursouflures
décrites plus haut, en ayant soin de faire passer la coupe
par les couches les plus profondes du parenchyme cortical. La mince lamelle ainsi obtenue est placée dans
une goutte d'eau, sur un porte-objet. Alors, avec une
pince fine on arrache l'épiderme, qui, on s'en souvient,
est très peu adhérent et entraîne toujours avec lui la
première assise (fig. 3) de cellules corticales. Plaçant
immédiatement à plat dans la goutte d'eau cette fine
membrane, on pourra, avec un faible grossissement,
voir les Tylenchus s'agiter et se glisser comme des ser-
pents minuscules dans les méats intercellulaires. On
verra, en outre, ses nombreux œufs déposés dans tous
les recoins des méats.

En même temps, par ce procédé, on se procurera
toujours de nombreux individus adultes et de tous les
stades larvaires, ainsi que des œufs à tous les âges de
développement. Ces individus vivants devront d'abord
être observés plus ou moins comprimés.

On les étudiera ensuite sur le mort, en les tuant par
une douce chaleur, réglée de façon à amener leur mort,
mais sans altérer leurs tissus. Ces individus placés
immédiatement dans l'acide acétique à 1 % et observés
de suite, laisseront apparaître de fins détails d'organisation impossibles à voir autrement. La solution acétique,
pour bien produire son effet, exige souvent un quart
d'heure à une demi-heure. Ces préparations, d'ailleurs,
ne sont bien favorables à l'observation que pendant une
à deux heures ; après quoi elles s'altèrent plus ou moins.

On peut encore laver promptement l'acide acétique
et le remplacer par du picrocarmin. Ce colorant pénètre
très lentement ; mais lorsque la coloration est bien
réussie, il permet d'observer des structures intéressantes,
surtout sur le rudiment génital des toutes jeunes larves.

Formes générales et mesures. — A l'état adulte,
le corps du *Tylenchus devastatrix* est grêle, très allongé,
filiforme. Chez la femelle (fig. 4), il s'enfle un peu dans
la région moyenne ; chez le mâle (fig. 10), qui est

toujours un peu plus mince, il conserve un diamètre à peu près uniforme dans toute sa longueur. L'extrémité antérieure est tronquée ; l'extrémité postérieure, au contraire, se prolonge en un cône qui s'amincit graduellement en pointe fine. Cette portion conique a toujours une légère tendance à se recourber vers la face ventrale.

La taille peut varier considérablement, jusque dans la proportion du simple au double. Ces variations proviennent des milieux plus ou moins favorables dans lesquels le parasite s'est développé. Ainsi dans les fèves de la première forme de maladie décrite plus haut et dont la maigre couche corticale lui offrait une pâture peu riche, il restait au-dessous de 1.500 μ, tandis que dans les succulentes boursouflures de la seconde forme il dépassait 2.200 μ.

Voici d'ailleurs les mesures détaillées de deux femelles et de deux mâles pris dans chacune des deux formes de la maladie et donnant les tailles minima et maxima observées par nous dans ces deux cas :

Première forme (¹).

	♀	♀	♂	♂
Corps.....	1.258 μ	1.487 μ	1.015 μ	1.358 μ
Œsophage..	185 = 1/7	200 = 1/7,4	157 = 1/6,4	200 = 1/6,8
Queue.....	83 = 1/15	91 = 1/16	85 = 1/11	85 = 1/16
Vulve	1.029 —	1.201 —	— —	— —
Diamètre...	35 = 1/36	35 = 1/42	28 = 1/36	28 = 1/48
Stylet......	11 —	11 —	11 —	11 —
Spicules....	— —	— —	21 —	21 —

Deuxième forme.

	♀	♀	♂	♂
Corps......	1.758 μ	2.216 μ	1.716 μ	2.016 μ
Œsophage..	214 = 1/8	195 = 1/11	231 = 1/9	231 = 1/8,7
Queue......	328 = 1/5	123 = 1/18	99 = 1/17	112 = 1/18
Vulve......	1.430 —	1.800 -	— —	— —
Diamètre ...	50 = 1/35	54 = 1/41	33 = 1/52	33 = 1/61
Stylet.......	12 —	13 —	12 —	12 —
Spicules.. .	— —	— —	22 —	22 —

---

(1) Toutes les mesures de ce travail sont données en μ ; c'est-à-dire en millièmes de millimètre. Les mesures de l'œso-

Ces variations considérables de taille, oscillant entre
1.000 et 2.200 μ, étaient intéressantes à noter. Constatées sur des Tylenchus habitant la même espèce
végétale et absolument semblables entre eux pour tout
le reste de leur organisation, elles nous apportent un
argument nouveau pour l'identification des espèces
réunies par Ritzema Bos. La taille de ces dernières, provenant d'espèces végétales distinctes, oscille seulement
entre 1.010 et 1.730 μ.

Chose remarquable, nous avons mesuré plusieurs
Tylenchus des fèves malades recueillies près d'Amiens,
en France. Ces Tylenchus avaient été trouvés dans une
gousse, c'est-à-dire placés dans les conditions de nutri-
tion les plus favorables. Les tailles les plus grandes que
nous ayons enregistrées ont été de 1,444 μ pour les
mâles et 1,615 μ pour les femelles. Ces chiffres concor-
dent avec la moyenne de ceux donnés par Ritzema Bos,
mais sont bien au dessous des chiffres maxima observés
ici. Il semblerait donc que le *Tylenchus devastatrix* peut
atteindre en Algérie une taille beaucoup plus grande que
sous les climats plus tempérés.

Cuticule. — L'enveloppe extérieure du corps est formée par une cuticule assez épaisse, incolore, transparente et résistante. Sur cette cuticule, dans la région
buccale, on distingue avec difficulté et au moyen de forts
grossissements des stries transverses à peine marquées (1). Ces stries disparaissent dès le bulbe antérieur
de l'œsophage et dans toute la région postérieure du
corps, où la cuticule apparaît parfaitement lisse. Cependant, sur les larves du 4e stade, on peut apercevoir plus

phage, de la queue et du diamètre sont représentées par leur
chiffre brut et par leur proportion avec la longueur totale du
corps.

(1) Cobb (1893, p. 299) décrit cette striation comme très apparente sur toute la longueur du corps. Il estime à un millier le
nombre des stries.

ou moins vaguement une striation transverse dans toute la longueur du corps.

En outre de cette striation si peu distincte, la cuticule porte ce qu'on a appelé des membranes latérales très nettement apparentes. Elles ont la forme de bandelettes peu saillantes, larges de 4 à 5 μ, dans la région médiane du corps. On peut les suivre jusque dans la région caudale, où elles se rétrécissent rapidement pour finir en une arête étroite. En avant, également, elles s'effacent dans la région œsophagienne, en se rétrécissant graduellement.

Bütschli (1873, p. 41, pl. XVIII, fig. 8, *b*.) avait déjà très bien observé la membrane latérale chez son *Tylenchus Askenasyi*.

Etui musculo-cutané. — En dedans de la cuticule, le corps possède une seconde enveloppe générale, formée par l'étui musculo-cutané, qui sert de paroi à la cavité générale. Cette seconde enveloppe est composée de deux parties bien distinctes : les bandes musculaires et les bandes latérales.

Les bandes musculaires sont au nombre de deux, une dorsale et une ventrale. Elles sont coupées en deux dans le sens longitudinal par les lignes médianes. Celles-ci, réduites à une simple ligne de contact, sont assez difficiles à distinguer. Les bandes musculaires sont larges. Elles sont composées de cellules musculaires nombreuses, étroites et longues. On ne réussit à bien voir ces cellules que sur les individus tués par douce chaleur et traités ensuite par l'acide acétique à 1 %. Nous n'avons pas aperçu de noyaux dans les bandes musculaires.

Les bandes latérales sont très développées et fort larges. Vers le milieu du corps, elles mesurent, chez les femelles, jusqu'à 26 μ ; c'est-à-dire la moitié du diamètre. Leur structure est finement granuleuse. Parmi ces granulations, on en voit quelquefois qui sont ballottées par des mouvements de va et vient, comme si elles étaient libres dans une lacune longitudinale creusée dans l'épaisseur des bandes. Nous n'avons pas vu de noyaux dans les bandes.

Bouche et œsophage. — La bouche, comme chez tous les nématodes, située à l'extrémité antérieure, est représentée par un simple orifice rond, sans lèvres, ni papilles. La partie antérieure du corps, enveloppant cet orifice, (fig. 7) se détache un peu du reste par un léger étranglement, si peu apparent, qu'on peut souvent le chercher en vain.

La cavité buccale, en arrière de la bouche, est étroite et à parois minces peu distinctes, (fig. 7). Elle sert de gaîne au stylet ou aiguillon. Celui-ci a la forme d'une pointe très aiguë, se terminant en arrière par trois renflements arrondis. Un peu en arrière du milieu de sa longueur, il porte en saillie un léger épaississement. Il nous a quelque fois semblé que cet épaississement jouait un rôle d'apophyse, à laquelle se rattachait un ligament latéral, dont nous n'avons pu suivre exactement le trajet. Le stylet est creux ; mais son canal central est si étroit que, même avec les plus forts grossissements, il apparait seulement comme une mince ligne un peu plus claire. Il est composé d'une substance chitineuse solide et constitue un instrument de perforation, que l'animal projette en avant pour percer les membranes des cellules, dont il aspire ensuite les sucs liquides pour sa nourriture.

Ce stylet, chez les adultes, à une longueur de 12 à 13 μ.

Ritzema Bos (1888 p. 194, pl. I, fig. 3) décrit un appareil musculaire, composé de muscles protracteurs et de muscles rétracteurs, destiné à mettre en mouvement le stylet. Pour nous, ces prétendus muscles représentent simplement les lignes de contours de la cavité buccale et de la gaîne œsophogienne post-buccale. Cobb également (1893, p. 299, fig. II), décrit et figure trois muscles partant de l'extrémité postérieure du stylet et venant s'attacher en avant près de l'étranglement antérieur du corps. Nous avons vainement cherché ces muscles, sans réussir à les voir.

Nous croyons d'ailleurs que les mouvements du stylet peuvent très bien s'expliquer par des contractions générales du corps, poussant tout d'une pièce l'œsophage entier en avant et qu'il n'est pas nécessaire de recourir à un appareil musculaire spécial, d'existence problématique.

En arrière du stylet, commence l'œsophage (fig. 5 et 6) qui, avec une longueur de 200 à 230 μ, s'étend jusqu'à l'intestin. On peut le diviser en deux sections, l'une, en avant, terminée par le bulbe antérieur (fig. 5 *a*), la seconde, en arrière, terminée par le bulbe postérieur (fig. 5 *b).*

La première section se compose d'un mince tube chitineux central enveloppé par une épaisse gaîne charnue. La lumière vide du tube chitineux se reconnaît très sûrement avec un fort grossissement. En avant, le tube s'insère au centre des trois renflements postérieurs du stylet ; en arrière, il vient se prolonger jusqu'au milieu du bulbe antérieur. Celui-ci n'est que la continuation de la gaîne charnue fortement renflée. Cette gaîne est composée d'une substance homogène, hyaline, dans laquelle sont dispersées quelques rares granulations. Le bulbe lui-même est composé de la même substance fondamentale : mais dans laquelle sont différenciées de nombreuses fibrilles contractiles rayonnantes du centre à la périphérie. Au centre du bulbe, la chitinisation du tube œsophagien s'est localisée en trois plaques épaisses, faisant suite au tube décrit plus haut. Les fibrilles contractiles sont insérées sur ces plaques et à la paroi externe du bulbe. En arrière de cet appareil valvulaire, le tube central reprend sa forme de mince filet et se prolonge ainsi dans toute la longueur de la seconde section œsophagienne.

Cette seconde section, comme la première, se compose essentiellement du tube capillaire cité, enveloppé par une gaîne charnue. Cette dernière, à son point d'attache avec le bulbe antérieur, est beaucoup plus mince que dans la première section. Elle s'épaissit lentement jusque un peu au delà de la moitié de sa longueur, où elle s'élargit rapidement pour former le bulbe postérieur.

Ce dernier est beaucoup plus long et plus épais que le bulbe antérieur. En arrière, il est aussi large que l'intestin, dont il se distingue cependant nettement par un petit étranglement dirigé plus ou moins obliquement. La substance de ce second bulbe est homogène et hyaline comme celle du premier. On y voit cependant fréquemment des amas granuleux très apparents. En outre, il contient toujours un large noyau pourvu d'un gros nucléole et quelque fois un ou deux autres noyaux de même structure, mais des deux tiers plus petits. Les fibrilles contractiles y manquent complètement.

Nous avons décrit et figuré l'œsophage avec une disposition rectiligne. C'est, en effet, celle que nous avons le plus souvent observée. Mais il arrive assez fréquemment aussi qu'on le voit avec des flexuosités plus ou moins marquées. Nous avons même rencontré quelques individus chez lesquels il décrivait, dans sa section postérieure, une anse, comme celle figurée par Bütschli (1873, pl. XVIII, fig. 8e) chez son *Tylenchus Askenasyi*. Ce sont là des variations d'importance tout à fait secondaire, provenant d'un développement exagéré, soit de l'intestin, soit des organes génitaux, qui refoulent l'œsophage en avant.

Le mécanisme fonctionnel du stylet et de l'œsophage est des plus simples à comprendre. Lorsque l'animal, en projetant en avant son stylet dans la membrane d'une cellule, a réussi à la perforer, les sucs, sous l'influence de la tension cellulaire, sont refoulés dans le canalicule du stylet et du tube œsophagien. En même temps, les fibrilles contractiles du bulbe antérieur se contractant font un large vide au centre du bulbe. Le liquide afflue dans ce vide ; mais alors les fibrilles venant à se détendre, les parois de cette cavité tendent à se rapprocher et refoulent son contenu en arrière vers l'intestin. Le liquide ne peut pas remonter en avant ; car là pression de la tension cellulaire s'opposerait à son mouvement de ce côté. Etant donnée l'exiguité capillaire de ces minces tubes, il est clair que la circulation n'y est possible que pour un suc cellulaire parfaitement limpide.

Intestin. — L'intestin court depuis l'œsophage comme un long tube noirâtre dans presque toute la longueur du çorps (fig. 4 et 10). Cette opacité provient des nombreuses granulations albumino-graisseuses accumulées dans sa paroi. Chez la femelle, il se termine par un rectum ayant l'aspect d'un mince filet chitineux souvent assez difficile à bien voir. Ce rectum se rattache à la paroi ventrale du corps, en un point qui devrait correspondre à une ouverture anale. Mais bien que nous l'ayons recherchée avec le plus grand soin, il nous a été impossible de reconnaître une perforation en ce point. Le filet rectal lui-même nous a paru n'être qu'un bâtonnet chitineux plein. Aussi croyons-nous que l'anus et le rectum ne sont plus là que comme des organes rudimentaires, incapables de donner issue à aucun résidu excrémentiel, même liquide, et que l'intestin se termine en cul de sac fermé.

Le *Tylenchus devastatrix*, ne se nourrissant que de sucs cellulaires purs, s'assimile entièrement les substances nutritives dissoutes dans ces sucs. N'ayant plus de fèces solides à rejeter au dehors, son rectum et son anus se sont atrophiés par défaut d'usage. Les glandes rectales, elles, ont totalement disparu sans laisser de trace.

Le canal intestinal est plus ou moins comprimé dans son parcours par les organes génitaux, avec lesquels il s'enlace plus ou moins. Il en résulte que son cours n'est pas absolument rectiligne, mais décrit, chez les adultes, quelques flexuosités. Chez les larves, au contraire (fig. 15), dont les organes génitaux sont encore rudimentaires, il remplit intégralement la cavité générale du corps dans toute sa longueur et se montre toujours beaucoup plus chargé de granulations.

La structure cellulaire de l'intestin est assez difficile à reconnaître, les limites des cellules étant peu distinctes et leurs noyaux masqués par les nombreuses granulations albumino-graisseuses. Nous y avons cependant réussi en suivant des voies détournées, qui toutes nous ont conduit à un résultat semblable.

L'intestin est composé d'une seule couche de grandes cellules au nombre de seize. Ces cellules sont de forme allongée, élargies dans leur milieu et s'amincissant en biseau par leurs deux extrémités. Dans la composition de l'intestin, elles alternent entre elles, la partie large de l'une correspondant à l'amincissement de deux autres.

Nous avons reconnu cette structure, d'abord en observant des larves du 4ᵉ stade très fraîches (fig. 16), sur lesquelles la forme et l'arrangement des cellules se voyaient assez nettement dans un parcours plus ou moins long du corps. Nous avons pu compter le nombre des cellules sur d'autres larves de même âge ayant subi une assez forte émaciation. Chez ces larves (fig. 17), les granulations albumino-graisseuses s'étaient réunies et condensées dans chaque cellule en un gros globule transparent et brillant. Ces globules, espacés régulièrement le long du tractus intestinal, étaient séparés les uns des autres par des zones finement granuleuses, dans la plupart desquelles on pouvait distinguer les limites de séparation cellulaire sous la forme d'un trait oblique, alternant régulièrement de droite à gauche et de gauche à droite d'une cellule à l'autre. Nous avons rencontré un assez grand nombre de larves dans cet état et chez toutes le nombre des gros globules a été de seize.

Nous avons encore vérifié ce nombre sur des larves de même âge que nous avions desséchées et ranimées une dizaine de fois en les réhumectant. Au moment de la réhumectation, avant qu'elles ne soient ranimées, le corps de ces larves se montrait (fig. 18), divisé en zones claires transparentes plus larges et en zones granuleuses plus étroites. Le nombre de ces zones granuleuses a toujours été de seize. Elles correspondaient aux granulations des cellules intestinales au milieu desquelles, d'ailleurs, on pouvait distinguer un noyau, sous la forme d'un petit cercle clair. Les zones claires correspondaient aux gros globules graisseux décrits plus haut.

Enfin et comme dernière démonstration, chez une femelle adulte que nous avions laissé émacier pendant deux mois dans une goutte d'eau pure, nous avons pu compter les seize cellules de l'intestin, très nettement séparées les unes des autres par un trait clair, marquant leurs limites de contact.

Bütschli (1873, p. 32) avait très bien reconnu chez son *Tylenchus iskenasyi* la structure de l'intestin composé de grandes cellules alternant entre elles. La description de Ritzema Bos (1888 p. 199, pl. I fig. 5) est au contraire profondément erronée. L'auteur hollandais a confondu des globules albumino-graisseux avec des cellules.

Organe d'excrétion. — L'organe d'excrétion est assez difficile à bien voir et pour y réussir il faut tomber sur un sujet favorable. Après avoir tenté de l'étudier sur plusieurs individus vivants et morts sans aboutir à de bons résultats, nous avons enfin rencontré une femelle qui, ayant été légèrement chauffée, n'était pas encore complètement morte. Avec elle nous avons pu suivre très nettement les canalicules dans toute leur longueur.

L'organe se compose (fig. 5 et 6) du tube déférent chitinisé (e) et de deux canalicules latéraux qui en partent, se dirigeant l'un en avant, l'autre en arrière.

Le tube déférent chitinisé est très facile à apercevoir. Le pore dans lequel il débouche est placé à la face ventrale au niveau de la partie antérieure du gros bulbe œsophagien. Ce tube chitinisé est assez long. A son point d'insertion avec le pore, il est très mince ; mais bientôt il s'épaissit brusquement et se dirige en arrière, en remontant obliquement sur le côté de l'animal. Il se prolonge ainsi en arrière le long de l'intestin sur une longueur égale à celle du gros bulbe.

Les deux canalicules latéraux s'insèrent verticalement (fig. 6) à l'extrémité du tube déférent et divergent immédiatement l'un en avant l'autre en arrière. Ils courent le long de la ligne médiane de la bande latérale et sont plus ou moins sinueux. Nous avons pu reconnaître la branche antérieure presque jusqu'au niveau du premier bulbe. La branche postérieure se suit sans trop de difficulté presque un peu au delà de la vulve.

Schneider et Bütschli ont déjà constaté chez d'autres Tylenchus que les canaux latéraux sont impairs, n'existant que d'un côté du corps, au contraire de ce qui a

lieu chez la plupart des autres nématodes, ou ils sont
pairs. Nous pouvons confirmer cette observation chez le
Tylenchus devastatrix, ou nous n'avons vu de canal
latéral que sur le côté gauche.

Le **Collier nerveux** (fig. 5 *n*) est composé d'un paquet
de fibres nerveuses, qui embrassent l'œsophage vers le
milieu entre le premier et le second bulbe. Du côté ven-
tral, ces fibres se dirigent obliquement vers le pore
excréteur.

Organes génitaux femelles. — L'organe génital
femelle est impair et se compose d'un long tube qui,
partant de la vulve, remonte en avant en s'enlaçant plus
ou moins avec le canal intestinal (fig. 4). En avant,
il se termine en cul de sac, tantôt un peu en arrière du
point de jonction de l'intestin avec l'œsophage ; tantôt,
au contraire, il remonte (fig. 6) jusqu'au delà du pore
excréteur et, presque toujours dans ce dernier cas, forme
une anse assez forte, avant d'atteindre l'œsophage.

En arrière de la vulve, existe un court diverticule en
forme de cul de sac, représentant un second organe
génital avorté. Chez un grand nombre de nématodes
libres, l'organe génital est double ; chez les Tylenchus,
la branche postérieure est toujours avortée. Chez notre
espèce, ce cul-de-sac contient toujours des amas de
matières grumeleuses (fig. 8 *a*) plus ou moins désorganisées.

La vulve (fig. 8 *v*) est située très en arrière, à peu près
vers les quatre cinquièmes de la longueur totale du
corps. Elle a la forme d'une large fente transversale,
dont les lèvres sont légèrement saillantes.

Dans le tube génital, on peut distinguer les parties
suivantes : le vagin, l'uterus, le tuba ou oviducte et
l'ovaire.

Le vagin est très court et dirigé transversalement de
dehors en dedans (fig. 8, *v*).

L'uterus, de forme tubulaire (fig. 8, *u*), continue le
vagin en avant. Il est formé dans sa moitié postérieure

de petites cellules hexagonales peu distinctes. Dans sa moitié antérieure, au contraire, il est constitué par deux rangées de grosses cellules à contours extérieurs bombés et d'aspect glanduleux. Chez les individus vigoureux et bien nourris, il contient toujours un et quelquefois deux œufs.

Au-delà de l'uterus, le tube génital se rétrécit brusquement et se continue dans le tuba ou oviducte (fig. 8, *t*), à peu près de même longueur que l'uterus. L'oviducte est composé de deux rangées de minces cellules hexagonales, douées d'une assez grande élasticité. En avant, il est séparé de l'ovaire par un fort étranglement Chez les femelles fécondées, à la suite d'accouplement avec les mâles, l'oviducte sert de réceptacle séminal. On le voit donc presque toujours gonflé et distendu dans toute sa longueur par un grand amas de spermatozoïdes.

L'ovaire (fig. 4 et 8 *o*) a la forme d'un long tube étroit, à parois extrêmement minces. Dans sa portion inférieure, il contient de gros ovules, placés sur un seul rang et diminuant graduellement de volume d'arrière en avant. Dans la région médiane et antérieure, les ovules deviennent de plus en plus petits et sont disposés sur deux rangs.

Les ovules mûrs de la région inférieure de l'ovaire passent dans l'oviducte, où ils sont fécondés par un spermatozoïde. De là, ils se rendent dans l'uterus, dans lequel ils séjournent assez longtemps et s'y enveloppent d'une coque solide, qu'ils sécrètent à leur périphérie. Ce sont alors des œufs mûrs et complets. Ils sont pondus avant tout développement ultérieur, n'ayant même pas encore effectué leur première division blastomérique.

Les dimensions et la forme des œufs (fig. 9) varient beaucoup. Voici des mesures prises sur cinq d'entre eux :

Longueur, 52 — 59 — 85 — 99 — 99 μ.
Largeur, 34 — 33 — 29 — 26 — 33 μ,

Arrondis aux deux extrémités, ils sont tantôt courts et larges, tantôt allongés et étroits et, dans ce dernier cas, se montrent souvent fortement courbés. Leur coque est transparente, lisse et assez résistante. Leur substance est rendue très opaque par les nombreuses granulations vitellines et les noyaux y sont assez difficiles à distinguer.

Organes génitaux mâles. — On distingue dans les organes génitaux mâles les parties suivantes : la bursa, les spicules et le tube génital.

La bursa (fig. 11 et 12) est formée par un puissant repli de la cuticule, développé en saillie sur les deux côtés de la queue, qui se trouve ainsi encadrée par deux sortes d'ailes latérales. Ces ailes, uniquement composées de la cuticule, sont très transparentes. Leur saillie commence d'une façon insensible un peu en avant de l'extrémité antérieure des spicules, s'accroît assez rapidement pour atteindre son maximum au niveau de l'orifice sexuel, puis s'atténue graduellement pour s'effacer totalement en avant de l'extrémité de la queue, laissant libre une portion assez notable de cette extrémité.

Ritzema Bos (1888, p. 206) prétend que la bursa se prolonge parfois jusqu'à l'extrémité caudale. Nous avons examiné à ce point de vue de nombreux mâles et, chez tous sans exception, nous avons trouvé l'extrémité de la queue parfaitement libre. Le même auteur (p. 192, pl. I, fig. 11) affirme encore que le repli cuticulaire de la bursa est un prolongement direct de la membrane latérale. Pour nous, nous avons toujours vu (fig. 12 *a*) la membrane latérale se prolonger sur le côté de la queue indépendamment et au delà du point d'émergence de la bursa. La membrane latérale se rétrécit rapidement et, au delà de l'orifice sexuel, réduite à une mince arête, elle finit par échapper à la vue. La bursa et les membranes latérales sont donc des formations complètement indépendantes l'une de l'autre.

La bursa de notre Tylenchus est parfaitement lisse et, comme celle de tous ses congénères, ne porte aucune papille.

Les deux spicules, ou organes de copulation, ont une longueur de 21 à 22 µ. De composition chitineuse, ils sont parfaitement incolores. Vus de profil (fig. 12 *s*), ils montrent une courbure assez accentuée. De face (fig. 11 *s*), ils sont rectilignes et divergent d'arrière en avant. Terminés en pointes fines en arrière, ils vont s'épaississant en avant et se terminent par un élargissement plus ou moins arrondi, servant d'insertion aux muscles qui les mettent en mouvement. Ils sont retenus ensemble en arrière par une petite pièce accessoire ou gorgeret, qui leur sert de gouttière directrice. Cette pièce accessoire est également chitineuse.

A l'état de repos, les spicules sont logés dans le corps, aux deux côtés de l'extrémité cloacale du tube génital. Pendant l'accouplement, ils sont projetés au dehors et s'enfoncent dans la vulve et le vagin de la femelle, qu'ils aident à maintenir ouverts, pour permettre le passage au flot de sperme, lancé par les contractions de l'organe génital mâle.

Le tube génital mâle (fig. 10) s'étend dans la longueur du corps jusque assez près de l'origine de l'intestin. Dans ce long parcours, il s'enlace plus ou moins avec ce dernier et décrit ainsi quelques flexuosités.

Comme le tube génital femelle, il se divise en quatre parties qui sont d'arrière en avant : le conduit éjaculateur, le canal déférent, le réservoir séminal et enfin le testicule proprement dit.

Le conduit éjaculateur est un petit canal étroit qui, partant de l'orifice externe, remonte en arrière entre les deux spicules, dont il égale à peu près la longueur. Chez la plupart des nématodes, ce petit canal est en communication en avant à la fois avec le canal déférent et le tube intestinal et joue ainsi un rôle de cloaque. Nous n'avons pas réussi à nous assurer s'il en était de même chez notre Tylenchus et il est possible qu'ici l'intestin se termine encore en cul-de-sac fermé, comme nous l'avons déjà vu chez la femelle.

Le canal éjaculateur se continue par le canal déférent (fig. 10, *d*), tube plus large et plus long, à parois transparentes, composées de cellules assez grandes et d'apparence glandulaires. Ce canal contient toujours des grumeaux de substances amorphes, paraissant plus ou moins désorganisées.

Le réservoir séminal (fig. 10, *s*) fait suite au canal déférent, sans interruption apparente. Sa longueur est à peu près égale à celle de ce dernier. Ses parois sont très minces et, chez les mâles vigoureux, on le voit toujours plein de spermatozoïdes tassés régulièrement les uns contre les autres. Il se continue sans discontinuité avec le testicule et on ne reconnaît sa limite antérieure qu'à l'existence de la zone (fig. 10, *a*), dans laquelle les gros spermatoblastes du testicule se divisent rapidement à deux reprises, pour donner naissance aux spermatozoïdes.

Le testicule proprement dit (fig. 10, *t*) a la forme d'un long tube simple à parois extrêmement minces. Il est rempli de spermatoblastes, alternant sur deux rangs et dont le volume va en décroissant d'arrière en avant. Il se termine en avant en cul-de-sac, fermé par une cellule à noyau plus petit que ceux des spermatoblastes, la cellule terminale de Schneider.

Arrêtons nous un instant pour insister sur l'homologie et l'identité de conformation des tubes génitaux mâle et femelle. D'un côté nous avons le canal déférent, le réservoir séminal et le testicule ; de l'autre, l'utérus, le réceptable séminal et l'ovaire. Un parallelisme parfait existe entre les deux organes et chacune de leurs parties correspondent admirablement entre elles. Cette correspondance est surtout remarquable entre l'ovaire et le testicule. Dans toute leur portion antérieure, ces deux organes sont absolument identiques entre eux. Les ovules et les spermatoblastes y sont disposés et s'y accroissent sous des formes absolument semblables. Puis, tout d'un coup, nous voyons les premiers s'accroître rapidement, les seconds, au contraire, se subdiviser deux fois, pour revêtir les formes qui leur permettront de jouer leurs rôles respectifs.

Les spermatozoïdes accumulés dans le réservoir séminal du mâle (fig. 13) y prennent, par suite de leur compression réciproque, des formes polyédriques régulières.

Leur substance paraît très finement granuleuse dans toute leur étendue et leurs noyaux ont un aspect vésiculeux contenant un certain nombre de petits corpuscules. Lorsqu'on les observe entassés dans le réceptacle séminal de la femelle (fig. 8 *t* et fig. 14), ils se montrent sous un tout autre aspect. Ils ont pris une forme allongée ovoïde et tous sont orientés de la même façon, le petit bout de l'œuf en avant. Le noyau, devenu compacte, est refoulé en arrière presque à l'extrémité du gros bout, où il est entouré d'une zone épaisse de granulations relativement grosses. Toute la portion antérieure est d'une limpidité hyaline parfaite, sans la moindre trace de granulations grosses ou fines Cette portion hyaline rappelle complètement les expansions plasmiques de certaines amibes extrêmement translucides. Dans le réceptacle séminal, cette partie plus étroite et hyaline du corps des spermatozoïdes est toujours dirigée vers l'orifice étroit par lequel les ovules arrivent. Ziegler (1895, p. 360, pl. XVII, fig. 37), qui a observé une disposition analogue chez les spermatozoïdes de son *Diplogaster longicauda*, pense qu'ils prennent cette forme et cette disposition sous l'influence d'une réaction chimotactile, qui les fait se presser au devant des jeunes ovules.

Nous n'avons jamais réussi à constater le moindre mouvement chez les spermatozoïdes tant dans le réservoir mâle, que dans le réceptacle femelle.

Reproduction, multiplication. — Comme tous ses congénères, le *Tylenchus devastatrix* est essentiellement ovipare. Il pond ses œufs avant qu'ils n'aient encore effectué leur première division blastomérique. Les pontes doivent se succéder assez lentement ; car on ne voit jamais plus d'un ou quelquefois deux œufs dans l'utérus.

Afin d'obtenir des renseignements plus précis, nous avons isolé des femelles immédiatement au sortir du tissu d'une fève, en choisissant ces femelles parmi les plus vigoureuses. Nous les avons laissées dans une goutte d'eau pendant 24 heures, par une température

de 18° C. La femelle la plus féconde pondit seulement
10 œufs. Ce chiffre ne nous donne évidemment pas le
maximum de pontes possible pour des femelles vivant
dans leur milieu naturel ; mais nous ne croyons pas que
ce maximum eût dépassé une vingtaine d'œufs, chiffre
relativement faible.

Développement, larves, mues. — Voulant nous
rendre compte de la durée d'évolution des œufs, nous
avons isolé dans une goutte d'eau pure une trentaine de
femelles adultes pendant deux heures, puis nous les
avons enlevées. Nous avons alors compté 48 œufs pondus, qui furent conservés en chambre humide. Les
deux premières éclosions se produisirent au bout de
6 jours et 19 heures. Lorsque le septième jour fut com-
plet, nous trouvâmes 12 œufs éclos ; enfin 32 œufs
étaient éclos après sept jours et 20 heures. Les 16 autres
œufs restèrent sans éclore, n'ayant même pas commencé
à évoluer, faute sans doute de fécondation. Pendant la
durée de cette expérience, la température moyenne fut
de 17° C. .

En résumé, sur les 32 œufs éclos, la moitié ont effectué leur évolution en 7 jours, quelques heures en plus
ou en moins. Les œufs de la seconde moitié ont plus ou
moins retardé, les derniers arrivant à éclosion 25 heures
plus tard que les tout premiers éclos.

Le *Tylenchus devastatrix* ne se prêtant pas à des cultures isolées, il est impossible de savoir directement
quelle est la durée de son développement de l'éclosion
jusqu'à l'âge adulte. Mais, d'observations faites sur d'autres nématodes, appartenant, il est vrai, aux genres
Céphalobus et Rhabditis, nous croyons pouvoir affirmer
que cette durée doit être au moins le triple de celle de
l'évolution de l'œuf, c'est-à-dire de 21 jours, par une
température de 17° C.

Quant à la durée de la vie adulte, nous pouvons encore,
par analogie avec d'autres espèces, l'estimer au double
ou au triple de la vie larvaire : en moyenne une cin-
quantaine de jours. Une femelle est donc en état de

pondre pendant 40 à 50 jours, à raison de 20 œufs par jour et de produire un total de 800 à 1,000 œufs. Ce chiffre, qui semble un peu fort, concorde cependant assez bien avec les chiffres de ponte trouvés par Davaine et Haberland chez le *Tylenchus tritici*, espèce très voisine de la nôtre et qui se prête beaucoup mieux à la précision dans des statistiques de ce genre.

Ajoutons que ces chiffres de 800 à 1,000 œufs ne sont admissibles que chez les femelles vivant dans les tissus riches et succulents de la deuxième forme de maladie, sous les boursouflures de laquelle on trouve toujours les œufs en très grand nombre. Les femelles de la première forme, moins bien nourries, doivent pondre un nombre d'œufs bien moindre.

Au sortir de l'œuf, les jeunes larves mesurent de 320 à 400 μ. Voici les mesures d'une de ces larves : Corps, 370 μ ; Œsophage, 136 μ = 1/2,7 ; Queue, 39 μ = 1/9,5 ; Diamètre, 13 μ = 1/28 ; Stylet, 10 μ.

Les proportions sont bien différentes de celles de l'adulte. L'œsophage (fig. 19) égale presqu'un tiers de la longueur totale. Le stylet (fig. 20) a déjà presque sa longueur définitive. L'intestin en ce moment est presque transparent. Plus tard, à mesure que le jeune animal absorbe de la nourriture, il se charge de granulations albumino-graisseuses, qui finissent par le rendre noirâtre opaque.

Le rudiment génital (fig. 19 *a*) apparaît vers le milieu de la longueur de l'intestin sous la forme d'une petite tache claire oblongue. Examiné avec un fort grossissement après avoir été traité par les réactifs, on le trouve composé d'un gros noyau germinatif central (fig. 21), de deux petits noyaux végétatifs situés chacun à un des pôles et de deux corpuscules opaques placés entre ces petits noyaux et le gros noyau germinatif, le tout enveloppé d'une substance plasmique mal définie et d'apparence membraneuse.

Le gros noyau contient un fort nucléole, dont la substance se colore vivement par le picrocarmin et paraît plus ou moins spongieuse. La substance du noyau est peu dense et se colore peu par le carmin. Les deux petits noyaux polaires contiennent également chacun un nucléole fortement coloré, tandis que leur substance reste claire. Les deux corpuscules opaques intercalaires sont composés d'une substance dense qui se colore d'une façon très intense par le carmin. L'enveloppe générale ne se colore pas.

Du gros noyau germinatif dériveront toutes les cellules germinatives, ovules ou spermatoblastes, de l'adulte ; des deux petits noyaux, au contraire, sortiront tous les éléments somatiques de l'organe génital mâle ou femelle. Quant aux deux corpuscules opaques, peut-être représentent-ils des centrosomes.

La vie du *Tylenchus devastatrix* se divise en cinq stades, dont les quatre premiers sont larvaires et le denier correspond à l'état sexué adulte. Ces cinq stades sont séparés les uns des autres par quatre mues.

Avec le lent développement de ce Tylenchus, les mues ont une assez longue durée, ce qui en rend la constatation aisée. En effet, lorsqu'on dilacère sous le microscope une grosse boursouflure de tissu de fève, parmi les nombreux nématodes qui en sortent, on y en trouve toujours en voie de muer. Ces derniers se reconnaissent immédiatement à leur état de rigidité. Ils apparaissent comme de petits bâtonnets droits et immobiles au milieu des autres, agités d'un mouvement perpétuel et se contournant sans cesse en ondulations changeantes.

On les reconnaît encore par le vide assez notable qui existe sous leur cuticule à l'extrémité antérieure (fig. 22). Le corps s'y est détaché de l'ancienne cuticule et s'est rétracté. Dans ce vide, suspendu et fixé à l'extrémité antérieure, l'ancien stylet reste attaché à la vieille dépouille cuticulaire. Cet organe est renouvelé à chaque mue. On voit, en effet, en arrière la tête de l'animal pourvue d'un nouveau stylet.

Cette élimination de l'ancien stylet à chaque mue était très intéressante à constater. Elle nous prouve que cet organe est l'homologue des revêtements cuticulaires qui tapissent la cavité buccale chez les Cephalobus et les

Rhabditis, espèces chez lesquelles nous avons également observé l'élimination de ces revêtements pendant les mues. Elle nous prouve encore que toutes ces parties, cuticule externe, stylet, revêtement de la cavité buccale sont des productions ectodermiques d'origine identique, identité qui. entraîne leur renouvellement simultané. Cette identité, d'ailleurs, trouve son explication dans les phénomènes embryogéniques qui accompagnent la formation de la bouche, constituée par une invagination de l'ectoderme.

Nous avons isolé et mesuré avec soin un bon nombre d'individus en voie de muer, provenant d'une tige fraîche de fève et d'un point jeune fortement infesté. Les adultes y atteignaient les plus belles longueurs, de 2.000 à 2.200 µ. Ces mesures nous ont donné des tailles extrêmement différentes, mais qui se sont classées d'elles mêmes sous quatre groupes bien définis. Dans le premier groupe les longueurs variaient de 430 à 490 µ., dans le second de 540 à 570 µ., dans le troisième de 930 à 1.000 µ., dans le quatrième enfin de 1.430 à 1.570 µ.

Il est de toute évidence que les individus de chacun de ces groupes de mesures appartenaient à un stade différent de développement, s'achevant par une mue. Cette évidence est encore corroborée par les deux faits suivants : Un individu mesurant 990 µ. traînait derrière lui une vieille dépouille cuticulaire, dont il était à moitié sorti. Examiné avec grand soin, cet individu ne laissa apercevoir encore aucune trace des organes sexuels externes. Il devait en effet sortir seulement de la troisième mue. Un autre individu, mesurant 1.495 µ., fut observé dans des conditions analogues, presqu'entièrement enveloppé par l'ancienne cuticule. Chez celui-ci, qui était une femelle, la vulve était complètement formée, bien apparente. Il sortait de la quatrième et dernière mue, à l'issue de laquelle les nématodes apparaissent toujours avec tous leurs organes sexuels, sinon encore à maturité parfaite, au moins entièrement développés dans toutes leurs parties essentielles. Cette quatrième mue est d'ailleurs la plus facile à constater et a déjà été observée par la plupart des observateurs qui se sont occupés de nématodes.

L'existence de quatres mues et cinq stades dans le développement du *Tylenchus devastatrix* nous paraît suffisamment démontrée par les faits précédents. A l'appui de cette démonstration, nous pouvons encore ajouter que dans des cultures de Cephalobus et de Rhabditis, isolés dès le sortir de l'œuf, nous avons pu également constater directement les quatre mues et les cinq stades. Nous sommes convaincu que ce mode d'évolution est général chez tous les nématodes, aussi bien libres que parasites, et nous espérons en fournir la démonstration dans un travail ultérieur.

Le *Tylenchus devastatrix*, qui éclôt avec une longueur variant entre 320 à 400 μ., s'accroit d'abord jusqu'à une longueur de 430 à 490 μ., puis effectue sa première mue. Il s'accroît de nouveau jusqu'à 540 à 570 μ. et mue une seconde fois. Ensuite il reprend son accroissement jusqu'à 930 à 1,000 μ. et effectue sa troisième mue, après laquelle il s'accroît jusqu'à 1,430 à 1,570 μ. pour réaliser sa quatrième et dernière mue. Il sort de celle-ci adulte et sexué ; mais il n'a pas encore atteint sa maturité, car il continue à s'accroître, ayant encore près d'un quart de sa taille définitive à gagner.

En terminant ce chapitre, nous tenons à bien faire remarquer que toutes les mesures qui y sont mentionnées se réfèrent à la forme la plus vigoureuse du *Tylenchus devastatrix*, c'est-à-dire à celle qui vit et se développe dans les boursouflures riches et succulentes de la deuxième forme de maladie des fèves. Il est clair que prises sur des Tylenchus vivant dans des milieux moins riches, toutes ces mesures subiraient de fortes réductions.

Mouvements. — Le *Tylenchus devastatrix* est doué d'une grande agilité. Placé dans une goutte d'eau, il s'y déplace rapidement, en ondulant comme un serpent. Cette vivacité est encore plus grande dans les méats des fèves, où il trouve constamment des points résistants lui servant d'appui. Pouvant se replier de mille façons, il glisse vivement par les plus petites ouvertures.

Biologie, reviviscence. — De tout ce qui a été dit jusqu'ici, il résulte que le *Tylenchus devastatrix* vit d'une existence exclusivement parasitaire. On ne l'a jamais trouvé vivant et se développant en dehors des plantes, dont nous avons parlé dans la première partie de ce travail. On pourrait le rencontrer dans le sol ; mais ce serait uniquement sous la forme de larves égarées, ou en quête d'une plante fraîche à envahir.

Il se nourrit des sucs cellulaires frais. Tout d'abord, sa présence au milieu du tissu parenchymateux de la plante envahie détermine une irritation particulière, sous l'influence de laquelle les cellules de ce tissu prennent un accroissement hypertrophique. Le parasite y trouve avantage par la surabondance de sucs dont ces grosses cellules sont gonflées. Mais, après quelque temps, ces cellules anormales brunissent, se désorganisent et périssent. Dès lors le parasite manque de nourriture. Si la plante est encore assez jeune, il émigre et va fonder une seconde colonie sur un nouveau point. Dans le cas contraire, les adultes épuisent leurs dernières forces reproductrices et disparaissent. Les jeunes, insuffisamment nourris, s'arrêtent dans leur développement au quatrième stade larvaire, s'enroulent et s'enlacent en paquets sous les vides de l'épiderme ; puis, sous l'action croissante de la dessiccation du tissu mort qui les enveloppe, elles passent peu à peu dans l'état léthargique de mort apparente, qui leur permettra d'attendre pendant des mois et même des années de nouvelles conditions favorables à leur développement.

Ces larves du quatrième stade (fig. 15) jouent un rôle tout particulier et d'une extrême importance dans la biologie de notre parasite. Leur organisation est très simple. Elles ne montrent encore aucune trace des organes sexuels externes. La glande génitale, toujours rudimentaire, n'apparaît que difficilement comme une petite tache claire sur le côté et un peu en arrière du milieu de la longueur de l'intestin. Celui-ci, au contraire, fortement développé, remplit toute la cavité générale, de l'œsophage à l'anus, et donne à l'animal un aspect très noirâtre et opaque. Cette opacité provient des innombrables granulations albumino-graisseuses, accumulées dans les cellules gonflées de l'intestin. Ce dernier se trouve donc transformé en un véritable magasin de substances de réserves richement approvisionné.

Ces larves, ainsi organisées, sont très agiles et en même temps elles jouissent d'une très grande résistance vitale. Elles jouent un rôle prépondérant dans la dissémination et la conservation de l'espèce.

Grâce aux amas de substance de réserve emmagasinés dans les parois de leur intestin, elles peuvent, à l'état actif, supporter de très longs jeûnes. Le 21 mars, nous en avons mis un certain nombre dans une goutte d'eau pure tenue en chambre humide. Il y avait avec elles quelques adultes et larves des stades plus jeunes. Dès le commencement de juin, tous ces derniers étaient morts d'épuisement. La plupart des larves de quatrième stade étaient au contraire encore très vivantes. Au 15 juillet le nombre des vivantes était encore assez grand ; mais elles étaient devenues lentes dans leurs mouvements. Pendant les mois d'août et de septembre leur nombre diminua encore. Mais au 20 novembre, date à laquelle nous avons arrêté cette expérience, nous en comptâmes encore une trentaine de vivantes. Celles-ci ont donc vécu huit mois entiers sans prendre de nourriture. Elles étaient fort émaciées. Les granulations albumino-graisseuses de l'intestin s'étaient condensées en gros globules, comme nous l'avons décrit plus haut et dessiné fig. 17. Les mouvements étaient devenus d'une extrême lenteur. Pendant ces huit mois la température moyenne fut de 23 à 24° C.

Mais la puissance de leur résistance vitale se manifeste surtout dans leur propriété de revivre après être tombées dans l'état léthargique de mort apparente par dessiccation. Cette propriété de reprendre la vie au contact de l'eau, après avoir été complètement desséché, est bien connue chez un certain nombre de Rotifères, de Tardigrades et de Nématodes. Chez ces derniers, elle fut découverte, pour la première fois, au milieu du siècle dernier par Needham, sur le *Tylenchus tritici*, cause de la maladie du blé niellé. De nombreux observateurs se sont occupé de la reviviscence de ce nématode et l'un d'eux, Baker, a réussi à en voir se ranimer qui étaient restés desséchés pendant 27 ans.

Notre Tylenchus des fèves, sous la forme de larve du quatrième stade, jouit de cette propriété au même degré que son congénère. Lorsqu'après une dessiccation plus ou moins longue, on le replace dans une goutte d'eau, on le voit se ranimer et retrouver toute sa vitalité au bout d'une heure ou d'une heure et demie au plus.

Ritzema Bos (1888, p. 246) s'est occupé assez longuement de cette reviviscence et nous-même avons recueilli un certain nombre d'observations que nous allons faire connaître, en les comparant avec celles du savant hollandais.

A quatre reprises différentes, nous avons isolé dans une goutte d'eau pure et laissé dessécher de très nombreux œufs. La dessiccation dura respectivement 3, 6, 12 et 19 jours. Sur ces quatre préparations, il y avait des milliers d'œufs à tous les états de développement, depuis l'œuf pondu quelques heures avant le moment de la dessiccation, jusqu'à l'œuf pondu depuis 6 à 7 jours, contenant une jeune larve complètement développée et repliée sur elle-même. Après réhumectation, nous conservâmes ces œufs dans l'eau pendant trois à quatre jours, la température ambiante étant de 20° C. Mais tous étaient bien morts, car aucun ne se ranima et nous ne vîmes aucune éclosion. En plaçant quelques-uns de ces œufs sous un fort grossissement, nous constatâmes que leur contenu était désorganisé.

Ritzema Bos affirme avoir vu des œufs desséchés pendant 6 mois et même un an se ranimer au contact de l'humidité. Nous ne savons comment expliquer la contradiction profonde entre ses observations et les nôtres.

Les jeunes larves venant d'éclore et n'ayant pas encore pris de nourriture ne supportent pas non plus la dessiccation. A plusieurs reprises, nous en avons mis un grand nombre en expérience, ne les laissant dessécher que pendant une heure seulement. Mais nous n'en avons jamais vu une se ranimer. Dans ces expériences, comme pour les œufs et comme pour toutes celles qui vont suivre, nous avons toujours opéré sur des animaux placés dans des gouttes d'eau pure.

Les adultes jouissent de la faculté de reviviscence, mais dans une mesure très limitée. Nous en avons laissé dessécher à plusieurs reprises. En les réhumectant deux à trois jours plus tard, tous se sont ranimés. Mais lorsque nous avons laissé la dessiccation durer quinze jours, très peu ont repris la vie et lorsque nous l'avons prolongée pendant un mois, tous sont restés inertes et morts.

Nous n'avons pas recueilli d'observations particulières sur les larves du deuxième et du troisième stade. Nous croyons cependant qu'elles possèdent une faculté de reviviscence plus grande que les adultes et les tout jeunes, mais cependant pas au même degré que celles du quatrième stade.

La puissance de reviviscence de ces dernières est très grande. Actuellement, nous ne possédons aucune expérience permettant de préciser la durée maximum de temps pendant lequel elles peuvent supporter la dessiccation.

Nous en avons (20 novembre) qui sont desséchées sur lame de verre depuis le 21 mars et qui, par une température de 25° C., se raniment toutes après une heure de réhumectation. Ritzema Bos en a vu reprendre vie, qui étaient demeurées pendant 2 ans 1/2 à l'état léthargique. Ces expériences sont évidemment beaucoup trop courtes.

Nos larves peuvent être desséchées, réhumectées, puis redesséchées et ainsi de suite un certain nombre de fois, en se ranimant après chaque réhumectation. Ritzema Bos en a observé ainsi un lot, dont un certain nombre purent traverser quinze dessiccations. Après la seizième, toutes étaient mortes. Le savant hollandais ne laissait s'écouler qu'un jour entre chaque humectation.

Nous avons renouvelé cette expérience en opérant un peu différemment. Nous isolâmes dans une goutte d'eau pure environ 150 à 200 larves. Puis, avec une fine pipette, nous soutirâmes toute l'eau possible sans entraîner de larves, de façon à ce que celles-ci se dessèchent dans une quantité très faible de liquide. Après chaque réhumectation et chaque reviviscence, nous opérâmes de même. La préparation fut donc largement lavée à chaque opération et on évita ainsi l'accumulation des sels dissous dans les gouttes d'eau. Les réhumectations, tout naturellement, ne durèrent que le temps de permettre aux larves de se ranimer, c'est-à-dire de une heure à une heure 1/2. Elles se succédèrent les 22 mars ; 15, 18, 21, 27, 31 mai ; 2, 5, 10, 15, 20, 25 juin ; 2, 5, 12, 15, 18, 22, 25, 27, 30 juillet; 1, 3, 6 août et 3 octobre.

Ainsi donc, nous avons pu répéter 25 fois les réhumectations. Mais il ne faudrait pas croire que toutes les larves se sont maintenues vivantes jusqu'au bout. Dès la dixième réhumectation, presque la moitié étaient déjà mortes. A la seizième, nous n'en comptâmes plus que 24 et à la vingt-quatrième, 11 seulement avaient survécu.

A la vingt-cinquième enfin, nous n'en vîmes que 7 se ranimer ; mais tellement affaiblies et languissantes, qu'il fallait les inquiéter et les tourmenter avec une pointe d'aiguille, pour leur voir exécuter quelques mouvements extrêmement lents et de courte durée.

Pendant cette longue série de dessiccations et de réhumectations, les larves qui résistèrent avaient éprouvé les effets d'une forte émaciation. Dès la dixième réhumectation, chez presque toutes, les granulations albumino-graisseuses de l'intestin s'étaient réunies et condensées dans chaque cellule en un gros globule transparent, comme nous l'avons décrit plus haut et figuré sur la planche sous les numéros 17 et 18. Toutes les survivantes des dernières réhumectations étaient dans cet état.

Tous ces faits et toutes ces expériences démontrent donc bien, chez ces larves, une faculté de reviviscence et une résistance vitale d'une grande puissance. Pour le moment, il nous suffit d'avoir nettement établi le fait, nous réservant d'y revenir et d'en déduire les conséquences générales dans un travail ultérieur.

Comment expliquer cette curieuse faculté ? Les grandes réserves de substances nutitrives emmagasinées dans les cellules de l'intestin nous donnent bien la clef de la longue endurance au jeûne de ces larves. Leur vie fort ralentie se soutient au dépens de ces réserves, qui sont consommées peu à peu. Mais comment résistent-elles à la dessiccation ? Il nous a semblé que l'explication résidait dans la structure de leur tégument chitineux. Lorsque ces larves effectuent leur quatrième et dernière mue, la dépouille cuticulaire qu'elles rejettent nous a paru plus résistante et plus épaisse que celle des trois mues précédentes. Si nous ne nous sommes pas trompé, on pourrait admettre qu'abrité par cette épaisse cuticule, le corps ne subit qu'une dessiccation limitée, qui ne va pas jusqu'à la désorganisation de ses tissus et de sa structure intime. Les mouvements vitaux, suspendus par cette dessiccation incomplète, reprennent leur cours, aussitôt que la réhumectation du corps permet à ses éléments constitutifs de recouvrer leur turgescence primitive et normale.

Ritzema Bos (1888, p. 244) prétend que notre Tylenchus excrète une substance visqueuse, indispensable à la vie de ce ver dans l'eau et sans laquelle il ne tarde pas à mourir, lorsqu'on le place dans un milieu où elle fait défaut. Cette substance se dissoudrait facilement dans l'eau et y formerait même des pellicules lorsque celle-ci en est saturée.

Que la surface externe du corps jouisse d'une certaine viscosité, nous ne le nierons point. Cette viscosité est d'ailleurs commune à tous les corps vivants humides. C'est grâce à elle que les Tylenchus adhèrent entre eux ou aux lames de verre, lorsque nous les faisons dessécher. Mais nous ne croyons pas que ce nématode secrète une substance visqueuse particulière, jouant le rôle spécial que lui attribue le savant hollandais. Nous avons vainement cherché à constater l'existence de cette substance sur des larves desséchées, placées dans l'eau ou dans l'alcool. En outre, nos expériences, citées plus haut, dans lesquelles nous avons tenu, pendant des mois, des larves dans des gouttes d'eau fréquemment renouvelées, lavant ainsi toutes les substances solubles qui auraient pu être apportées par les vers, sans que ceux-ci en aient le moins du monde souffert, ces expériences, disons-nous, démontrent péremptoirement l'inanité du rôle attribué à la prétendue sécrétion.

Lorsque les Tylenchus, rassemblés en tas, s'assèchent graduellement dans les cavités sous-épidermiques des fèves malades, ils s'enroulent en spirale tassée (fig. 23), la tête au centre. Cette disposition est la même que prennent les nématodes parasites, lorsqu'ils s'enkystent au sein des tissus de leurs hôtes.

Spécification. — Ainsi que nous l'avons dit dans la partie historique de ce travail, notre nématode a déjà été baptisé d'au moins six noms différents : *Anguillula dipsaci*, par Kühn ; *Anguillula devastatrix*, par le même Kühn ; *Tylenchus Askenasyi*, par Bütschli ; *Tylenchus hyacinthi*, par Prillieux ; *Tylenchus Havensteinii*, par Kühn ; *Tylenchus allii*, par Beyerinck. Chacun de ces auteurs croyait avoir affaire à une espèce distincte et nouvelle ; croyance basée surtout sur la différence spécifique des végétaux, dans lesquels les nématodes avaient été trouvés.

C'est à Ritzema Bos que nous devons d'avoir débrouillé ce chaos. Par une étude comparée minutieuse des diverses formes et surtout par des expériences d'infestation d'une plante à une autre de plusieurs de ces formes, il démontra qu'elles appartenaient toutes à une seule et même espèce. Il les réunit sous le nom unique de *Tylenchus devastatrix*. Nous avons complètement accepté cette identification et nous croyons même y avoir apporté un nouvel argument, en faisant voir quelles

sont les énormes variations de taille de ce nématode.
dans les tissus de la fève en Algérie. Chez ce végétal,
notre parasite non seulement se montre avec toutes
les longueurs constatées dans les divers végétaux où il
a été rencontré jusqu'ici, mais il y atteint même une
taille maximum, qui les dépasse de beaucoup. Cette
constatation avait bien son utilité, pour aider à la fusion
des prétendues formes spécifiques énumérées plus haut.

COMMENT SE FAIT L'INFESTATION

ET MOYENS DE LA COMBATTRE.

Maintenant que nous connaissons bien la maladie et
la biologie du parasite qui la cause, nous pouvons tenter
de nous rendre compte du mode de dissémination de ce
dernier et du chemin qu'il suit pour envahir les pieds de
fève.

De nos recherches personnelles et surtout de celles
de Ritzema Bos, il résulte que le *Tylenchus devastatrix*
doit être répandu un peu partout. Indifférent à la nature
du sol et pouvant trouver sa subsistance dans au
moins quarante espèces de végétaux, il n'est guère de
lieux dans lesquels il ne rencontre pas les conditions
nécessaires à son existence. Dans nos recherches en
Algérie, fort peu étendues d'ailleurs, nous ne l'avons
encore trouvé que dans les fèves ; mais toutes les lois
de l'analogie nous permettent d'affirmer qu'ici, comme
en Europe, il vit dans de nombreuses espèces de plantes
cultivées ou sauvages. M. Rivière, directeur du Jardin
d'Essai, se rappelle avoir vu, il y a quelques années, ses
cultures de jacinthe dépérir et disparaître, sans qu'il
pût s'expliquer cette mortalité. Il est fort probable que
notre Tylenchus était l'auteur de ces ravages.

Ainsi répandu un peu partout, le parasite réussit aisé-

ment à se maintenir et à se reproduire une fois qu'il a
envahi une localité. Pendant la période des temps
humides et de croissance des végétaux, il trouve toujours quelqu'une des espèces propres à son alimentation.
A l'état de larve, il pourra, comme nos expériences l'ont
prouvé, vivre activement plusieurs mois dans la terre
humide à la recherche d'une plante favorable, et sa
grande agilité lui permettra même de circuler sur des
étendues relativement assez grandes. Lorsqu'au contraire arrive la saison chaude, amenant la fin de la végétation, il se desséchera avec les plantes lui servant
d'hôtes et passera à l'état de léthargie. Il tombera alors
sur le sol sec avec les débris de végétaux et pourra y
séjourner impunément de longs mois jusqu'au retour de
la période humide. C'est surtout pendant la saison sèche
que doit s'effectuer sa grande dissémination. Mélangé
avec la poussière superficielle du sol et aussi léger que
les grains les plus menus, il est entraîné par les moin-
dres vents et dispersé dans toutes les directions.
L'homme lui-même doit contribuer à cette dissémination,
en le transportant à de longues distances dans les végétaux sur lesquels il s'est desséché. On le voit donc, sa
faculté de dissémination repose entièrement sur la
grande résistance vitale de ses larves.

Par quelle voie le parasite s'introduit-il dans le corps
des fèves ? Tout nous fait croire qu'il les envahit par les
stomates. Il ne possède, en effet, aucun organe qui lui
permette de passer par effraction au travers de la cuticule solide de l'épiderme. En outre, l'orifice des stomates
a une largeur plus que suffisante pour donner passage
au corps mince des larves. Celles-ci, dans les moments
d'humidité, rampent en glissant sur les faces des tiges
de fèves et s'insinuent dans les stomates, au-dessous
desquelles elles trouvent les nombreuses chambres à
air du parenchyme cortical sous-épidermique. Elles s'y
installent soit au point de pénétration même, soit après
avoir encore circulé plus loin dans ces méats et, par
leur multiplication, ne tardent pas à déterminer les altérations de la maladie. Il est fort probable que la péné-

tration se fait presque toujours par la base de la tige,
très près au ras du sol. La grande agilité du parasite
explique les nombreux cas dans lesquels nous avons vu
des tiges de grande taille malades sur des points éloignés
du sol de 60 et 80 centimètres. Le nématode doit, en
effet, cheminer très rapidement dans les méats sous-
épidermiques et envahit ainsi les points éloignés de la
tige, les feuilles et jusqu'aux gousses. Sa pénétration
dans le canal médullaire nous semble plus difficile à
comprendre. L'anneau fibro-vasculaire constitue, en
effet, au parasite, un obstacle insurmontable, qu'il fran-
chit nous ne savons par quelle voie détournée.

L'existence du Tylenchus étant confinée dans la tige
de la fève et ses appendices, c'est là avant tout qu'il
faudra aller le chercher pour le combattre et le détruire.
Les tiges malades devront être arrachées de préférence
en vert, puis détruites par le feu sur des brasiers de
fagots. En attendant qu'elles soient devenues sèches, on
s'exposerait à en faire des instruments de dissémination. Les parties malades, en effet, une fois desséchées,
s'écaillent et se débitent aisément en menus fragments,
emportant avec eux de nombreuses larves à l'état de
léthargie.

Quand certains champs seront très contaminés, il
sera bon pendant plusieurs années de n'y semer
que des plantes défavorables à son développement
(l'orge est dans ce cas). En principe lorsqu'une culture
de fèves aura été attaquée, il faudra éviter de replanter
des fèves dans le même champ l'année suivante. Il faut
également éviter d'y semer une des autres plantes qu'il
a l'habitude d'envahir.

Nous devons à Ritzema Bos une observation intéressante qui tendrait à démontrer qu'on peut dans une
certaine mesure entraver le développement du parasite,
en faisant alterner entre elles la culture même des plantes qui lui servent d'hôtes habituels. Le savant hollandais a constaté que, lorsque le Tylenchus avait élu do-
micile dans l'une d'entre elles pendant plusieurs généra-
tions, il se produisait entre eux une sorte d'adaptation

physiologique, qui rendait ces Tylenchus presqu'inaptes à passer sur les autres végétaux favorables.

Mais, en tirant parti de cette observation, on n'obtiendra jamais qu'une atténuation au mal. Le plus prudent sera toujours d'éviter soigneusement la culture successive de plantes comme l'avoine, la luzerne, l'oignon, la fève, le seigle, que le parasite a l'habitude d'envahir.

Les labours profonds sont encore à recommander dans les champs contaminés. Beaucoup de Tylenchus enfouis profondément ne réussissent pas à remonter à la surface du sol et périssent.

Enfin, on devra se bien garder de jeter au fumier les tiges malades. Les larves peuvent se maintenir longtemps vivantes dans le fumier, qui servirait plus tard de véhicule à leur dissémination dans les champs.

On pourra enfin essayer du procédé des plantes pièges préconisé avec succès par Kühn à propos de l'*Heterodera Schachtii*. Ce procédé consiste à semer dans les champs contaminés des plantes recherchées de préférence par ces nématodes parasites et à les arracher et détruire par le feu de bonne heure. On enlève et détruit ainsi tous les nématodes qui les avaient envahies. En répétant cette opération deux ou trois fois dans une année, on réussit à nettoyer les champs les plus contaminés. L'avoine, le seigle et la fève pourraient être utilisés comme plantes pièges contre le *Tylenchus devastatrix*.

F. Debray,

Professeur de botanique aux
Ecoles supérieures

E. Maupas,

Conservateur de la
Bibliothèque Nationale.

BIBLIOGRAPHIE

1858. — JULIUS KUHN. — Ueber das Vorkommen von Anguillulen in erkrankten Blütenköpfen von *Dipsacus fullonum* L. ; in *Zeitschrift für wissenschaftliche Zoologie*, t. IX, 1858. p. 129-137, pl. VII *c*.

1868. — KUHN. — Ueber die Wurmkrankheit des Roggens und über die Uebereinstimmung der Anguillulen des Roggens mit denen der Weberkarde : in *Sitzungsberichte für 1868 der naturforschenden Gesellschaft in Halle*.

1873. — BUTSCHLI, O. — Beiträge zur Kenntniss der freilebenden Nematoden, p. 39, pl. II, fig. 8 *a-g*. Extrait des *Nova acta der Leopo. — Carol. Akademie der Naturforscher*, t. XXXVI, 1873.

1881. — PRILLIEUX, E. — La maladie vermiculaire des jacinthes ; in *Journal de la Société nationale d'Horticulture*, 3ᵉ série, t. III, 1881, p. 253-260.

1881. — KUHN, J. — Das Luzernälchen ; in *Deutsche landwirthschaftliche Presse*, t. VIII, 1881, p. 32.

1888. — RITZEMA BOS. — L'anguillule de la tige (*Tylenchus devastatrix* Kühn) et les maladies des plantes dues à ce nématode ; in *Archives du Musée Teyler*, série 2, vol. III, 1888-91, p. 161-348 et 545-588, avec 10 pl. — Publié également en allemand ; in *Biologisches Centralblatt*, t. VII, 1887-88, p. 232, 257, 646 et t. VIII, 1888-89, p. 129, 164.

1893. — COBB, N. A. — Nematodes, mostly australian and fijian ; in *Macleay memorial volume*, in-4°, Sidney, p. 299.

1895. — ZIEGLER, H. E. — *Zeitschrift für wissenschaftliche Zoologie*, t. LX.

EXPLICATION DE LA PLANCHE.

FIG. 1 — Tronçon d'une tige de fève malade, avec ses grandes taches noires et ses boursouflures.

FIG. 2. — Couche sous-épidermique du parenchyme cortical d'un pied de fève non malade, mais contenant de nombreux méats intercellulaires. Gross. 75.

FIG. 3. — Couche sous-épidermique du parenchyme cortical d'une tige de fève hypertrophiée par la présence du *Tylenchus devastatrix*. Gross. 75.

FIG. 4. — Femelle adulte du *Tylenchus devastatrix*. Gross. 150.

FIG. 5. — Bouche et œsophage : *a*, bulbe antérieur ; *b*, bulbe postérieur ; *e*, organe d'excrétion ; *n*, collier nerveux. Gross. 705.

FIG. 6. — Les mêmes avec la région antérieure de l'intestin et de l'ovaire décrivant une anse et remontant jusqu'au delà du pore excréteur. Le canal excréteur avec ses deux branches. Gross. 335.

FIG. 7. — Bouche et stylet. Gross. 1510.

FIG. 8. — Région postérieure de l'organe femelle de génération : *v*, vulve ; *a*, organe génital avorté ; *u*, utérus avec un œuf ; *t*, oviducte contenant de nombreux spermatozoïdes ; *o*, ovaire. Gross. 150.

FIG. 9. — Trois œufs. Gross. 335.

FIG. 10. — Mâle adulte : *d*, canal déférent ; *s*, réservoir séminal; *a*, zone de division des spermatoblastes; *t*, testicule. Gross. 150.

FIG. 11. — Queue du mâle vue de face : *s*, spicules. Gross. 710.

FIG. 12. — La même vue de profil : *a*, membrane latérale.

FIG. 13. — Spermatozoïdes dans le réservoir séminal du mâle. Gross. 1510.

FIG. 14. — Spermatozoïdes dans le réceptacle séminal de la femelle. Gross. 1510.

FIG. 15. — Larve du quatrième stade. Gross. 150.

FIG. 16. — Extrémité antérieure de l'intestin d'une larve montrant la forme et la disposition des cellules intestinales. Gross. 150.

FIG. 17. — Larve émaciée du 4e stade, chez laquelle un gros globule graisseux s'est formé dans chacune des 16 cellules intestinales. Gross. 150.

Fɪɢ. 18. — Larve du même stade fortement émaciée puis desséchée, vue au moment où elle vient d'être réhumectée. Les 16 cellules intestinales avec leur petit noyau sont indiquées par les zones granuleuses, séparées par de larges zones claires. Gross. 150.

Fɪɢ. 19. — Jeune larve venant d'éclore : *a*, rudiment génital. Gross. 335.

Fɪɢ. 20. — Bouche et stylet de la même. Gross. 1510.

Fɪɢ. 21. — Rudiment génital de la même. Gross. 1510.

Fɪɢ. 22. — Extrémité antérieure d'une larve du quatrième stade en voie de muer. Gross. 1510.

Fɪɢ. 23. — Larve du quatrième stade, desséchée, enroulée sur elle-même.

[illegible]